Mitología de la Physica Moderna
Las Teorías Fantásticas del Siglo 20

Dean L Sinclair (BA, MS, PhD)

Derechos de Autor. I de agosto de 2016. Dean L. Sinclair

## Parte primera. El ensayo que dana el título al libro.

## La mitología de la physica moderna:
## las teorías fantásticas del siglo 20

**Resumen. Este ensayo presenta argumentos que una serie de ideas que son comúnamente aceptados en los círculos científicos tienen errores, por razones de llegar a conclusiones a partir de una consideración inadecuada de los datos, ideas preconcebidas erróneas. o ambas razones.**

El siglo XX fue un periodo de gran progreso tecnológico y científico. Sin embargo, al parecer, en un examen reciente, que algunos de los avances casi se llevó a cabo a pesar de la teoría más que a causa de la toria. Los problemas de teoría se puede decir que han comenzado con el experimento de Michelson-Morley de 1890, que era una obra maestra tecnológica diseñada para poner a prueba una teoría particular de un éter en el que la materia se movió, o el que se movía sobre la materia. El resultado del experimento fue que la velocidad de la luz era la misma -- al menos dentro del error experimental --. no importa lo que la dirección de movimiento del transmisor y el receptor con respecto a la otra
 Esto fue interpretado como que la "Aether "no existe, el espacio a través del cual la materia se trasladó estaba vacía; y, de alguna manera, la luz se realizó a través de

ese espacio vacío por "Los fotones." Un caso definido de "saltar a la conclusión de que no podía garantizar eso realmente. En lugar de considerar lo que este resultado, podría haber hecho implícita sobre "cuáles podrían ser los componentes de el espacio--Los scientificos llegaban a la conclusión que "espacio es un vacío debido a que los resultados del experimentono no eran consistentes con la idea preconcebida ..

Esta tendencia a llegar a una conclusión en datos insuficientes. o como el resultado de una previa a la concepción errónea, recibió un giro adicional cuando Albert Einstein entró en escena hace algunos quince años más tarde.

El trabajo de Einstein podría decirse que ha comenzado un nuevo tipo de actitud ciencia que impregnaba el resto del siglo. Einstein se dice que comentó que no había ninguna diferencia si el espacio estaba vacío o lleno, suponiendo que estaba vacía era matemáticamente más fácil. Al parecer, era matemáticamente correcto. Cuando uno hace algo con las matemáticasm se llenan automáticamente su espacio matemático con una matriz de puntos.

**[Parece para producir una visión más viable, sin embargo, si la realidad se considera que está dentro**

**de un espacio lleno, un espacio lleno por algo parecido a una sustancia en su punto triple. ]**

Einstein, también, se supone que dijo, "La matemática es la realidad."
Esta actitud parece haber dado lugar a una gran parte del trabajo teórico que salió del próximo siglo para tener un fuerte "polarización inversa" con respecto a las desarrollo de la teoría matemática y datos.

Antes de Einstein, el procedimiento parece haber sido "estudiar un fenómeno, recoger datos, desarrollar un modelo matemático, ver lo que predice y comprobar para ver si la predicción es válido. Es decir, la teoría era "basadas en datos."

Más recientemente, muchos científicos parecen sentir que pueden acortar el proceso mediante el desarrollo del modelo teórico en primer lugar, a continuación, buscar cuidadosamente los datos para apoyar ese modelo. .Si un pedazo de datos se puede interpretar como para apoyar el modelo, se asume que el modelo no se ha demostrado, y cualquier otro dato es cuidadosamente interpretada a la medida. Un buen ejemplo es el "agujeros negros en el centro de las galaxias" Concepto creido por los astrónomos. esta idea está tan cuidadosamente espostulated por un astrónomo, Dro. Alex Filippenko, en un curso de la serie Grandes Conferencias <u>"Agujeros negros. espanados</u>..

*(Este curso es una serie de lecturas en ingles, de titulo, "Black Holes Explained ")*

Los agujeros negros tenían su creación aparente en las ideas de un hombre llamado Schwarzschild que interpretó algunas de las teorías de Einstein para reclamar la existencia de tal fenómeno. Entre los pensamientos era, al parecer, que estos agujeros negros aparecen como objetos muy masivos. Se encontró que los soles cerca de los centros de masa de las galaxias se movían de una manera tal que al parecer estar orbitando un objeto masivo. Ese objeto se toma como el Agujero Negro anticipado.

Lo que nadie pareció darse cuenta fue que toda la masa de un difuso, pero coherente, unitaria, tal como una galaxia, se suma esta masa a un punto en el centro del equilibrio, justo como lo hace cualquier otra unidad.

Sí, hay un punto de masa aparente enorme en el centro de una galaxia, se es igual a la suma de todos los puntos de las masas separadas involucradas en la galaxia, <u>pero no es un "agujero Negro".</u>
Los fenómenos observados son atribuibles a lo que sucede en la región alrededor del centro de la suma de los vectores. No hay ni un punto físico en el que la posición ni ningún agujero infinitamente profunda.

Los agujeros negros son una parte de los mitos de modernas generadas por la idea de que es más simple, más fácil y tan válido, para hacer teria antes que data. "El modelo estándar de la física de partículas," tan elocuentemente expuesto en grandes conferencias serie de:lecturas del Dr. Sean Carroll titulado, "The Higgs Boson and Beyond" ( "El bosón de Higgs y más allá.") es un buen ejemplo de este tipo de cosa.

El "modelo estándar" es, posiblemente, la construccion más honrado, más cara de su tipo conocido.

**Desgrasadamente, en mi opinión, de veras, el modelo estándar de la física de partículas es el "castillo de naipes" más equivocada, pseudo-científico jamás construido.**

La creación original de ese modelo está en la idea de que las unidades básicas de átomos podrían ser liberados por átomos rompiendo una en la otra a velocidades muy altas.. Esto ha sido comparado, tal vez con bastante precisión, para tratar de aprender cómo los coches son construidos por dejarlos acantilados.

Lo que no parecían los científicos a darse cuenta de que era. en lugar de soltar todo lo que estaba dentro de los átomos, que probablemente serían, en cambio, crean cosas nuevas y diferentes en los fragamentos que se liberan.

Sobre el momento en que el número de supuestas unidades básicas se convirtió en difícil de manejar, había publicado un documento que proponía una unidad llamada el Quark.

Este escritor siempre ha sido de la opinión de que el documento original que propone quarks, publicado recta enfrentó, como si se tratara de una idea teórica legítima, era casi seguro que una sátira inteligente sobre la tendencia de los científicos para hacer su teorización tan complicado como sea posible.

Al parecer, que la opinión no fue compartida por la comunidad de la física, la cual adoptó las ideas, se encuentran algunos datos de dispersión de electrones que parecía señalar una relación 2:1 dispersión relación de electrones, y promovido quarks desde allí ser tres, como se propuso originalmente, a ser seis.

Los físicos de partículas después de definir diferentes, unidades "básicas" decidieron que todavía necesitan una unidad más básica de fondo que se hizo conocida como el bosón de Higgs.

Esta estructura teórica fantástica llegó a ser tan respetado - reforzada por una serie de Nobel Prizes-- que se construyó el proyecto de ciencias de ingeniería más grande nunca, el Colisionador de Hadrones del CERN constreñida por debajo de la frontera de Francia y Suiza.

Este proyecto, con un costo, en última instancia, miles de millones de dólares, tuvo como principal objetivo la búsqueda del bosón de Higgs.

Finalmente, en 2012, se anunció que el Higgs había sido encontrado. Todo estaba ahora bien con el mundo de la ciencia, ahora se sabe cómo y por qué todo funcionaba. Higgs y uno de sus compañeros de trabajo que aún viven - uno había muerto - recibieron el Premio Nobel por su trabajo teóricoOn.

El autor de este es bastante seguro de que el "bosón de Higgs" era, en realidad, si bien por accidente, el "mayor engaño "(sí), que se ha realizado por científicos bien intencionados.

Dr. Carroll, en su serie de conferencias, señala que todas las colisiones en el LHC genera más datos que nunca podrían ser alojados en todos los bancos de datos de la Tierra por lo que "... este es el lugar donde llegaron los teóricos de (para contar qué conservar y lo que hay que tirar, dónde buscar,). " En cualquier otro campo científico, esto sería sin duda mal visto tan drásticamente "Cocinar los datos.

"Porfin, algo se encontró cual afirman que podrían dicho que estaba en el lugar correcto. Habían registrado a lo menos dos otras regiones que se espera que sea más probable y, al parecer, esta era la última oportunidad, Algo había que encontrar para justificar los miles de millones de gasto de dólares, por lo que se ha encontrado algo, y dice que es lo que se estaba buscado. Uno puede cínicamente sospechar que una ilusión podría tener juicio nublado.

El bosón de Higgs y el campo de Higgs, que podría considerarse hasta cierto lo paralela a la idea de una "sustancia básica" y un "Oscilador de Control Central", que se presenten en el modelo, mucho más simple, que se llama "Osciladores en un Sustancia." Sin embargo, la idea de que una pequeñita unidad--que sólo puede ser observado bajo de las condiciones lo más drásticas-- otorga la gravedad, no tiene sentido conceptual.

Hay una definición muy simple, muy lógica, de la gravedad como la manifestación más común de la "Fuerza básico de la naturaleza," una presión muy poco variando a lo largo de la "Sustancia de la Existencia." Es casi seguro que, algún día, la búsqueda del bosón de Higgs va a ir a los libros de historia como lo más caro de los experimentos científicos jamas, realizado sobre la basa de la lógica defectuosa.

Ahora existe un modelo de la existencia cual es mucho más simple, que se llama "modelo de los osciladores en una sustancias," Este podría haber sido desarrollado con mucha facilidad alrededor de 1910, o antes, según los datos básicos estaba disponible. en la obra de Mickelson y Morley y el trabajo de Max Planck.

**El, protón-neutrón modelo de núcleo del átomo. aunque venerable y útil, también, al parecer, tiene la basa de poca información real.**

Se sabía que la masa concentrada en el núcleo era mayor que la atribuible a los protones. Por lo tanto, era lógico suponer que u**na parte del núcleo atómico era de carga neutra, que se atribuyó, sin cuestion a un conjunto de unidades neutrales.** Cuando se descubrió el neutrón, por Chadwick en 1930, se encontró que esto podría ajustarse a la unidad de neutro que se necesitaba. Parece que nadie jamás han mirado con rigor cualquier otras explicaciones.

El escritor da otras posibles explicaciones en unos libros publicados en 2015. Ninguna de esas ideas son necesariamente perfecta, pero indican las alternativas a las ideas nuclearas corriente. cuales estan complicados y confusandas, el protóno-neutróno -fuersa-fuerte-fuerza-débil Modelo que se encuentra actualmente en boga.

"Ya sea de conseguir un modelo primero y luego tomar un dato como una confirmación, o tomar una pieza de información, y teniendo en cuenta que como prueba de un poco de "conclusión obvia," teóricos de la física han creado un caos de la teoría enredado.

Otra parte de este enredo es la creencia de aniquilación de materia-antimateria. que tiene su base en el hecho de que si un electrón se pone en contacto con un "anti-electrón, los dos se desvanecerá con el lanzamiento de energy.The misma aparentemente sucede con el conjunto de protones y antiprotones. Por lo tanto, los científicos dicen, "antimateria y la materia se aniquilan en contacto. QED." Ha estado muchos muy aprendido, ya menudo muy abstrusa, textos escritos basados en estas ideas, mucha discusión en cuanto a por qué no se observa anti-materia
,
En un pequeño artículo impreso en EGO OUT, el blog de Dr.Peter Gluck, en octubre de 2015, este escritor señaló que imágenes de espejo combinan en lugar de aniquilar. También puede señalarse que la interacción de hidrógeno y antihidrógeno es mucho más complicado que simplemente la interacción de los componentes. Además, se sabe que e- y e + se combinan para formar un "compuesto" doblado "positronio", que tiene vida útil suficiente para tener una química , Tiene sentido que positronio es un análogo de hidrógeno molecular y la unidad de combinación, llamada "Zerotron" por este escritor, es el análogo del átomo de hidrógeno.

**La idea de que hay una unidad desapercibido, bastante generalizado que resulta de la unión del electrón y antielectrón, y se puede dividir de nuevo a**

ellos explica tanto la "aniquilación" y "la producción de pares". Además, la existencia de una unidad de red, para establecer hasta un 95% de las partículas de existencia, que explicaría en lugar perfectamente, tal vez demasiado cuidadosamente, el "misterio de Negro Materia."

Sin entrar en los argumentos que justifican las opiniones, el autor sugiere que el electrón y el antielectrón son interconvertibles y, de hecho, cada uno pasa 40%. más o menos. de su aparente ciclo de rotación-inversión-inversión-de-rotación como la unidad opuesta. Es, también, puede argumentarse que uno puede modelar un átomo formado por un conjunto de electrones y protones, y otro conjunto, desapercibido, de anti-electrones y anti-protones. Este último conjunto se considera como "neutrones", en el pensamiento convencional.

Todavía otro modelo, no es incompatible con esto, pero diferente, toma nota de que los átomos casi todos conocidos pueden ser considerados como combinación de deuterio, tritio y helio 3, o, alternativamente, los núcleos puede considerarse como formado a partir de una de tres unit- (de masa) - con doble-positivo de carga, una de tres unidades con una sola carga positiva; y una de dos unidades con una sola carga positiva.

Ahora, si en la primera unidad se ha indicado anteriormente, se considera que contener un electrón "incrustado", en la segunda unidad de arriba, hay dos "electrones incrustados" y en la tercera unidad de arriba, allí de nuevo ser un "electrón incrustada" el número de "electrones incrustados" resulta ser el mismo que el número de neutrones, o la cantidad de anti-materia, dependiendo de qué punto de vista se quiere tomar.

Por lo tanto, hay varias posibles modelos de átomos que pueden ser utilizados. No se pretende que todo son "la verdad exacta," pero cada uno tiene su utilidad para la comprensión de un proceso u otro.

Por ejemplo, la emisión de "Beta negativo" puede entenderse como "unidad de tritio conversión a la unidad, He3, dentro del átomo. "Por el contrario, además de la emisión beta, o el equivalente, proceso K-captura de electrones, se puede considerar a la inversa, la conversión de He3 aT.

La emisión de partículas alfas puede ser racionalizada como combinación de dos duterones hasta una Alfa dentro de un di-catión. Esto sugiere que la emisión alfa puede ser una función de la di-catión de un isótopo particular. Esto encaja bien con el colapso conocido de Be8 por formar, eventualmente, dos átomos de He4. Este es un proceso que no se esperaría que tenga lugar con Be8 neutra; pero parece muy lógico para el dicationo, Be8 ++.

Se puede argumentar que la única razón de la teoria de la Explosión Grandisima obtiene credibilidad es que los físicos nunca se molestó en definir masa o ni, por lo demás, nunca define lo que "La Materia sea. De lo contrario se dio cuenta de la idiotez de considerar toda de la Maferia ser reducible a un pequeño punto, que estallaría en un disparo de un cañón grande, un "Big Bang".
 Un modelo, que parece más a la explicación de la situación actual, parece ser la de iniciar el proceso de con un "chirrido piquenito", que aún continúa, una especie cósmica de máquina del arma que se sigue disparando, en lugar de un cañón cósmica que disparaba una vez.

El mito de origen, que el modelo, osciladores en una sustancias, hace de la creacion de nuestra existencia, postula un oscilador de control--que opera a aproximadamente $6 \times 10^{28}$ cps.-- próximo, de alguna manera, a la existencia de un paleo-sustancia causando de organización de esa sustancia en proto-unidades, probablemente la unidad apodado el Zerotron por este escritor. Estas unidades son deformables, por onda de choque, a los neutrones, que, en su vez, colapso de los electrones y los protones y / o positrones y antiprotones Este mito origen parece consistente con un universo en expansión, al menos dos universos - mi equipaje es de catorce - el patrón de fondo de microondas, y los otros factores del modelo de la que procede . Por este mito de origen, la gran mayoría de la materia todavía se agrupan cerca del origen y haría disipe a través de los lóbulos del oscilador. En uno de los cuales existimos. La idea de un paleo-sustancia es esencialmente la misma que la idea de una sustancia en su punto triple del TExtensión Nknown y unidad básica que es fundamental para el modelo "Oias". Esto conduce a la idea de una "Fuerza Uno", una presión que varía ligeramente en todas partes. El concepto de sustancia conduce, también, a una definición fácil de gravedad como la "atracción aparente" entre dos objetos que tienen masa, porque siempre hay menos de la sustancia de la existencia entre ellos que se ha producido o el exterior. Este concepto de una fuerza universal también conduce a una definición de la misa como la fuerza dentro de una unidad, expresado en contra del resto de la

**existencia, lo que permite que la unidad de existir. En otras palabras, "Masa" es una necesidad para la existenciacomentario:.**

*[Un aparte Dr.Carroll en su ciclo de conferencias dice algo en el sentido de que la existencia se debe a la presencia de campos y partículas que son los que se encuentran cuando se examinan los campos. Mi problema con esto es tat veo Dr.Carroll a sí mismo como un conjunto de partículas y les resulta incompatible con lo que está diciendo que existe para ser capaz de dar crédito a sus teorías. En otras palabras, ¿cuáles son los exámenes que él (o yo) traen a la existencia?]*

**La conjetura en cuanto a la frecuencia de la "oscilador de control sale de la idea de que con el fin de llevar a la perturbación ondulatoria de la luz, las unidades de la "vacío" que tenga que ser rotores con una velocidad tangencial promedio de la velocidad de la luz. Desde la obra de Max Planck también se ocupa de la luz y su relación con la energía, se dio cuenta de que la relación de la constante de Planck y la velocidad de la luz sería también una constante que tiene las dimensiones de la misa veces la distancia, es decir "par" o "el trabajo". Esta declaración en forma matemática es MXR (radio de un círculo o esfera = h (símbolo de constante) / c de Planck (símbolo de la velocidad de la luz.) MXR = h / c se señaló más tarde a**

ser un "tiempo independiente función de trabajo, lo que sería la cantidad de trabajo necesario para un ciclo fundamental de la radiación electromagnética ", por lo que parece ser el escurridizo" Quantum ", que dio el nombre a la revolución cuántica del siglo XX (ver el siguiente ensayo incluido. en este libro para hacer comentarios más detallada.)

a partir de álgebra básica, MXR = c / f = rx m. es decir, si un conjunto de límites se puede encontrar, una pista sobre otro conjunto de límites se pueden encontrar al cambiar los valores absolutos de masa y el radio. Si uno hace esto con los datos de los electrones y los protones, teniendo en cuenta las masas en reposo que se encuentran en la literatura como valores límite, sucede algo muy interesante. Tanto el ajuste de electrones y protones en esta ecuación, con el "radio" idéntica a la "Compton de longitud de onda" y, si se cambia los valores absolutos en torno a uno encuentra que aparentemente el electrón sería a la vez más grande y más pequeño que el protón y más pesados y más ligeros, dependiendo de lo que uno estaba considerando limitar. Además, se puede sugerir que ambos tienen el mismo valor medio, lo que sería alrededor de 4,7 x 10 -19 gramos a 4,7 x 10-29 cm., Es decir $(f / c)^{0.5}$. La estimación de la posible frecuencia de la postulada "Oscilador de control" viene formar este valor al tomar el "salto de fe" para considerar todas las unidades básicas como "encapsulados longitudes de onda del oscilador de control."

La razón de que el resultado de esto se denomina aquí un "mito de la creación Creado por el modelo de los osciladores en una sustancia" es que evoluciona desde la especulación a partir de un modelo matemático, a pesar de que las matemáticas son muy básicas, esto es peligrosamente cerca de los saltos a conclusiones que está siendo criticado con tanta fuerza en el resto de este ensayo.

Hasta que no haya una buena oferta más pruebas, la modelo de los osciladores en un sustancia, debe ser aceptado como sólo eso. Un modelo que parece simplificar y unificar una gran cantidad de información, sin embargo, ti es sólo un modelo y se espera que someterse a modificación o incluso la refutación como información desarrolla.

La mayor parte del ensayo anterior se basa en un modeolo de los osciladores en una sustancia,, por lo tanto, el material se trata con más detalle y con otros ejemplos en el libro que se hace referencia aquí:.

**Referencia:**
**Sinclair, Dean LeRoy;** Modelo de Existència Osciladores en Una Substància,. **Amazon Createspace, 2015.**

# Parte segunda: Ensayos bonos y material de referencia

### El Quantico básico de la existencia, "h /c"

Un vistazo a las dimensiones de la constante de la naturaleza, ",h/c," muestra que es una **constante independiente del tiempo** que tiene el valor de **veces la distancia de la masa *por ciclo.*** independiente de la longitud del ciclo en comparación con cualquier otro ciclo de referencia. (Esta última afirmación es simplemente haciendo hincapié en que el valor es independiente del tiempo),.
**Esto puede estar considerado como la "Cuantica de Existencia basica," Es decir, la unidad básica de trabajo, que podría decirse que ha dado su nombre a la " revolución cuántica del siglo 20." \\**

Mientras que los "puristas" no estarán de acuerdo con la declaración, "total de las épocas distancia igual trabajo", alegando que la definición de "trabajo" es "fuerza por distancia," este escritor sostiene que cualquier masa medible todos los días tendrá asociada con ella una unidad básica de "aceleración.", por lo que, para una discusión general, es irrelevante si decimos "de masas" o "Fuerza", afirmando que la medida de la "masa" es una medida de la "fuerza básica" que participan en cualquier caso esta considerado .

*la pequeña cantidad, "l h / c l," que, en palabras, es: "el valor absoluto de la constante de Planck dividida por la velocidad de la luz," podría ser el "trabajo" que participan en la rotación alguna unidad básica de la existencia una vez alrededor.*

**Este value-- alrededor de 2,2 x 10$^{-27}$ gramos-centímetros por ciclo, en el sistema. CGS--también, sería la cantidad de trabajo necesario para cualquier longitud de onda de energía electromagnética, no importa lo que estia la longitud de onda.**

La razón de que esta relación no se ha dado cuenta de como va, que el tamaño de la unidad básica parecer es que nadie parece haber notado que la constante de Planck es una unidad que tiene una dimensión oculta de "por ciclo (s)." siempre ha habido estados como simplemente "Energía veces el tiempo." Además, no ha sido previamente observado que dividiendo por la velocidad de la luz produce una "constante independiente de tiempo" que es aplicable a cualquier ciclo, no importa si su duración sea infinitesimal o "infinito".

**El siguiente poco "Ensayo de experiencia" no está estrechamente relacionado con los dos primeros, ya que es en el límite entre la Física y Economía. Sin embargo, no tiene en pensamientos comunes sobre ideas y no obvias que parecen haber ser pasado por alto**

### Dos leyes de la naturaleza Atención de la necesidad?

Civilizaciones del pasado han alcanzado grandes alturas de sofisticación y de la realización, sólo para desaparecer. Presente sus civilización humana en rápida aceleración en el conocimiento, realización, los números y la interdependencia. Teniendo en cuenta los efectos de dos aparentemente obvio, pero, al parecer, en esencia vecinos, factores; es, acelerando más y más rápidamente hacia un colapso desastrosocomo.

El primero de estos factores implica lo que los científicos llamarían los que se describen en algún momento, respectivamente, "primera y segunda ley de la termodinámica." "Usted no puede ganar"; y "no se puede incluso cubrir los gastos." Estas declaraciones, reunidos, pueden ser llamados "La ley de los recursos finitos." "En cualquier espacio que hay una cantidad limitada de elementos utilizables. Cuando algo se hace con estos algunos se convierten en formas inutilizables. "Lo más evidente, y, posiblemente, lo más crítico, esto se aplica a la energía-la cantidad de" paquetes "de movimiento disponibles para los seres humanos para llevar a cabo lo que desean o necesitan hacer. Es, por supuesto, también. se aplica a otras necesidades, agua, aire, refugio ....

El segundo factor, que también debería parecer obvio, pero parece haber sido pasado por alto es la distribución / redistribución de la riqueza por las leyes del azar. Las leyes del azar redistribuyen objetos o símbolos de riqueza material que constituya ellos, hacia aquellos que ya tienen más riqueza hasta que se alcanza un equilibrio en el que la riqueza va a entrar y salir de la "pila grande" con las mismas tarifas. Este equilibrio es, sin embargo, sólo es posible si hay una fuente externa de riqueza para compensar el funcionamiento de la "Ley de recursos finitos." Transferencia de riqueza implica un factor de transporte que implica el uso de la energía, por lo tanto, la implicación de la Ley de la finita ...

"entérminos humanos, el viejo" arreglo Señor y siervos "trabajó a una especie de-siempre y cuando los siervos cosechados suficiente energía del sol para compensar lo que se necesitaba para que tengan vida y para mantener al Señor en su nivel necesario . Si el Señor puso demasiado codiciosos, la situación se deterioraría rápidamente. Con demasiada riqueza de entrar en sus manos, no queda suficiente para mantener a los siervos, la disposición podría colapsar rápidamente.

Veamos la redistribución de la riqueza por las leyes del azar desde el punto de vista de un torneo de póquer. Imagine un punto de partida de los jugadores de la misma capacidad con participaciones iguales. La persona que lucks en la primera olla muy grande en una mesa determinada es casi seguro que romper la mesa. Los ganadores se mueven en el torneo y continúa hasta que haya un ganador con todas las apuestas. El juego se termina, a menos que las apuestas se redistribuyen para empezar de nuevo .... [En la vida real, un ganador como bien podría salir a las calles y es asaltada.]

Coloque este torneo de póquer en una nave espacial, donde tanto las estacas y las otras necesidades para mantener a los juegos que van Hay que encontrar dentro de esa nave sin fuera fuente de alimentación, en otras palabras, por el desmontaje y "comer" el barco, y uno tiene una analogía justo lo que está sucediendo en nuestra Tierra.

Si estaban disponibles, que podría proporcionar los recursos energéticos para mantener a los jugadores vivos y para reponer una fuente externa el desgaste de las apuestas, el torneo podría seguir indefinidamente, como una condición de equilibrio, tal como se ha descrito antes, presumiblemente, podría ser posible que continuará siempre y cuando se dispusiera de la fuente externa. Si la entrada eran en realidad más de lo necesario, los jugadores adicionales podrían ser añadidos o las apuestas del juego planteado.

La Tierra tiene una fuente externa tal disposición, Sol, Sol Eran los seres humanos que cosechan al menos tanta energía del sol que estamos utilizando, que tendría ninguna oportunidad de mantener nuestra civilización, de hecho, nuestra existencia misma de forma indefinida. Posiblemente, incluso hasta el punto de encontrar otra fuente entre las estrellas antes de Sol va Nova. Esto es, por supuesto, si no destruimos otros recursos críticos tales como aire, agua, tierra habitable el espacio ....

Lo más probable, sin embargo, de que los seres humanos ser capaces de armar una receta para la supervivencia indefinida son, probablemente, casi nulas. Algo de esto se está escribiendo en el Día de inauguración de Barack Obama como el presidente número 44 de los Estados Unidos de América. La fe del mundo en este momento es que descansa sobre los hombros de este hombre brillante. Sólo cabe esperar que de alguna manera se puede hacer un milagro de convencer a los pueblos del mundo que estamos juntos en esto, que no hay espacio para la lucha por las ideologías cuando que la lucha sólo puede acelerar la destrucción de la civilización humana, acelerar el fin de la misma raza humana, y sin dejar nada para adorar y glorificar al dios o dioses, si hay tal, que la lucha era a nombre de. Él y los otros líderes del mundo debe darse cuenta de que el aumento del PNB simplemente significa la destrucción más rápida de los recursos, que los conflictos humanos y las guerras son los residuos totales de recursos. No hay lugar para la codicia humana, si los seres humanos puedan sobrevivir indefinidamente ....

Los dos "leyes" de la que este escritor habla, se han ignorado demasiado tiempo. Es probable que sea demasiado tarde para mantener nuestro "juego" va por tiempo indefinido, sin embargo, no hay alguna posibilidad de que podría prolongarse un poco si los líderes podrían mostrar un poco de conciencia y la cooperación.

### Perfil de "Eski Eshek: (Dean LeRoy Sinclair)

**Dean LeRoy Sinclair ( "Eski Eshek") nació el 3 de enero de 32 años, tiene una BA, *cum laude*, en Química y Matemáticas de Yankton College, 1953; un MS en Química de Oklahoma State U. de 1959: y Ph.D. en Química Orgánica del de Kansas State U. , 1967. Se graduó de la Escuela de Fort Monmouth en señal de reparación del radar en 1955. y tiene licencia de radiotelefonía, clase general, por tiempo de vida. Sobre la base de un Ejército de Estados Unidos Área Aptitud**

*Una puntuación de 140, ha tenido un número de miembro de Mensa desde la década de 1960.*

*Otro formación ciencia incluye un NSF. Instituto de Verano de <u>Tecnología de radioisótopos</u> en el MIT en 1960, un Instituto NSF Verano en <u>Ciencias Físicas para los nocientíficos</u>,en RPI, en 1967 y un Instituto NSF verano, <u>Física Moderna de profesores de la física</u>,en el Kansas U. en 1969.*

*Ha sido profesor de Ciencia Físical , Química y Física al nivel universitario.*

*el <u>"Modelo-osciladores-en -una-Sustancia de la Existencia"</u>, que considera su Labor de Amor de los Anos Crepúsculos."*

*Una afición por vida ha sido idiomas extranjeros. Él tiene el español como "Idioma Segundo Oficial", y ha estudiado, con éxito variado, alemán, francés, italiano, esperanto, portugués, turco y Dakota / Lakota. Helectrónico ha mirado unos a otros, Ido, Baza, Interlingua, Holanda holandés, árabe, mandarín, eSATA. El último intento de mejora del uno mismo está tratando de aprender el lenguaje de programación informática, C; con la esperanza de aprender lo suficiente como para de capaz de escribir programas de simplificación / revisión de la química de los núcleos atómicos.*

*Es un artista semi-competente dibujo y escribe poesía. (Bueno, no sea verdad que todo del mundo lo hace?)*

*Conocido como "Doc" o "Eski" a sus amigos, que actualmente vive en Aberdeen, Dakota del Sur, EE.UU. de A. Cuando él no está actuando como un compañero de una amiga quien esta hasta la cama casi -confinada, que a menudo se puede encontrar el picoteo en una computadora en la biblioteca de Alexander Mitchell.*

*Bromea, "La primera hora de consulta es gratuita, sobre cualquier tema que desea hablar." Además de su amplia formación como generalista ciencia física, que tiene antecedentes en psicología incluyendo algún tipo de formación en el asesoramiento de drogas y alcoholo y en la educación de dotados.*

*No hace ningún intento de publicar en las revistas científicas "revisión por pares", pero ha publicado una serie de artículos cortos en Internet desde 2007, y. a partir de agosto de 2016, varios libros/ las cuales estan disponibles en Amazon CreateSpace, con nombre de autor como Dean Sinclair. la mayoria de estes libros estan publicadas en ingles. Solamente este libro y "<u>Modelo de Existencia, Osciladores en una Substancia</u>" ha estado publicados hasta espanol.*

*Si se pregunta acerca de la "Eski Eshek," en turco significa "Burro Viejo." /;-)*

Muchas gracias por leyedo!
Puntos de contacto a el autor, como el 1 agosto 2016.
deanlsinclair@gmail.com, 1-605-290-**2154**`

www.ingramcontent.com/pod-product-compliance
Lightning Source LLC
Chambersburg PA
CBHW081232180526
45170CB00011B/2767